上海市工程建设规范

再生骨料混凝土应用技术标准

Technical standard on the application of recycled aggregate concrete

DG/TJ 08－2018－2020
J 10995－2020

主编单位：同济大学
　　　　　上海市建筑科学研究院有限公司
　　　　　上海市市政规划设计研究院
批准部门：上海市住房和城乡建设管理委员会
施行日期：2020 年 12 月 1 日

U0349702

同济大学出版社

2020　上海

图书在版编目(CIP)数据

再生骨料混凝土应用技术标准/同济大学,上海市
建筑科学研究院有限公司,上海市市政规划设计研究院主
编.--上海:同济大学出版社,2020.10
　　ISBN 978-7-5608-9418-8

　Ⅰ.①再… Ⅱ.①同… ②上… ③上… Ⅲ.①再生混
凝土-骨料-技术标准-上海 Ⅳ.①TU528.041-65

　中国版本图书馆 CIP 数据核字(2020)第 144230 号

再生骨料混凝土应用技术标准

同济大学
上海市建筑科学研究院有限公司　主编
上海市市政规划设计研究院
策划编辑　张平官
责任编辑　朱　勇
责任校对　徐春莲
封面设计　陈益平
出版发行　同济大学出版社　　www.tongjipress.com.cn
　　　　　(地址:上海市四平路 1239 号　邮编:200092　电话:021-65985622)
经　　销　全国各地新华书店
印　　刷　浦江求真印务有限公司
开　　本　889mm×1194mm　1/32
印　　张　2
字　　数　54 000
版　　次　2020 年 10 月第 1 版　　2020 年 10 月第 1 次印刷
书　　号　ISBN 978-7-5608-9418-8
定　　价　20.00 元

上海市住房和城乡建设管理委员会文件

沪建标定〔2020〕333 号

上海市住房和城乡建设管理委员会
关于批准《再生骨料混凝土应用技术标准》
为上海市工程建设规范的通知

各有关单位：

由同济大学、上海市建筑科学研究院有限公司、上海市市政规划设计研究院主编的《再生骨料混凝土应用技术标准》，经我委审核，现批准为上海市工程建设规范，统一编号为 DG/TJ 08－2018－2020，自 2020 年 12 月 1 日起实施。原《再生混凝土应用技术规程》DG/TJ 08－2018－2007 同时废止。

本规范由上海市住房和城乡建设管理委员会负责管理，同济大学负责解释。

特此通知。

上海市住房和城乡建设管理委员会
二〇二〇年七月一日

前　言

根据上海市城乡建设和管理委员会《关于印发〈2015 年上海市工程建设规范编制计划〉的通知》（沪建管〔2014〕966 号）要求，编制组经广泛调查研究，认真总结实践经验，参考有关国内、外标准，并在广泛征求意见的基础上，对《再生混凝土应用技术规程》DG/TJ 08－2018－2007 进行修订。

本标准主要内容包括：总则、术语和符号、建筑工程用再生骨料混凝土、道路工程用再生骨料混凝土与半刚性基层结构、道路工程用再生骨料混凝土制品等。

本次修订的主要内容有：

1. 名称由《再生混凝土应用技术规程》更改为《再生骨料混凝土应用技术标准》。

2. 删除原规程中第 3 章"废混凝土"。

3. 删除原规程中第 4 章"再生粗集料"。

4. 合并原规程中第 5～7 章，更新为第 3 章"建筑工程用再生骨料混凝土"。

5. 简化了再生骨料混凝土配合比设计相关内容，衔接《再生骨料混凝土技术要求》DB31/T 1128－2019 中的相关规定。

6. 删除原规程中第 8 章"再生骨料混凝土空心砌块"。

7. 结合新版国家规范，更新了再生骨料混凝土梁的抗剪承载力计算公式。

8. 新增第 3 章"建筑工程用再生骨料混凝土"中"再生骨料混凝土建筑结构抗震"内容。

9. 新增第 4 章"道路工程用再生骨料混凝土与半刚性基层结构"中"道路用再生骨料""水泥稳定再生骨料碎石混合料""石灰

粉煤灰稳定再生骨料碎石混合料""再生骨料混凝土基层""再生骨料混凝土面层"等内容。

10. 更新再生骨料混凝土单轴受压本构关系。

11. 新增再生骨料混凝土碳化深度预测模型。

各单位及相关人员在执行本标准过程中,如有意见或建议,请反馈至同济大学(地址:上海市四平路 1239 号;邮编:200092;E-mail:jzx@tongji.edu.cn),或上海市建筑建材业市场管理总站(地址:上海市小木桥路 683 号;邮编:200032;E-mail:bzglk@zjw.sh.gov.cn),以供今后修订时参考。

主 编 单 位:同济大学

上海市建筑科学研究院有限公司

上海市市政规划设计研究院

参 编 单 位:上海建工材料工程有限公司

上海城建物资有限公司

上海市城市建设设计研究总院(集团)有限公司

上海市浦东新区建设工程安全质量监督站

上海同瑾土木建筑有限公司

上海又宏环保科技有限公司

喜瑞阿(上海)新材料有限公司

上海建冶机器有限公司

上海申昆混凝土集团有限公司

昆山申昆联合混凝土有限公司

主要起草人:肖建庄　施钟毅　徐　斌　肖绪文　朱敏涛

郑振鹏　张　雄　徐亚玲　潘　平　刘佳颖

李　阳　何昌轩　张凯建　段珍华　丁　陶

陈道普　张绪国　卢家森　刘　琼　肖建修

方红平　杨晓斌　靳海燕　陆亚运

主 要 审 查 人:周质炎 王宝海 杨 健 陆文雄
栗 新 沈丽华 张国峰

上海市建筑建材业市场管理总站

目　次

Content

1 总　则

1.0.1　为了保护生态环境,实现建筑废弃混凝土的再生利用,促进建筑业可持续发展,规范再生骨料混凝土在建设工程中的应用,做到安全适用、质量可靠、经济合理、技术先进,制定本标准。

1.0.2　本标准适用于建筑工程和道路工程用再生骨料混凝土及其制品的设计、施工和验收。

1.0.3　再生骨料混凝土应用除应符合本标准外,尚应符合国家、行业和本市现行有关标准的规定。

2 术语和符号

2.1 术 语

2.1.1 再生骨料 recycled aggregate

由建(构)筑废弃物中的混凝土、砂浆、石、砖瓦加工而成,最大粒径在 40mm 以下的骨料称为再生骨料。

2.1.2 再生粗骨料 recycled coarse aggregate

由建(构)筑废弃物中的混凝土、砂浆、石、砖瓦加工而成,用于配制混凝土的、粒径大于 4.75mm 的颗粒。

2.1.3 再生细骨料 recycled fine aggregate

由建(构)筑废弃物中的混凝土、砂浆、石、砖瓦加工而成,用于配制混凝土和砂浆的粒径不大于 4.75mm 的颗粒。

2.1.4 再生骨料混凝土 recycled aggregate concrete

由再生粗骨料取代普通混凝土中天然粗骨料后,配制而成的混凝土,其中再生粗骨料取代率不应低于 15%。

2.1.5 再生粗骨料取代率 replacement ratio of recycled coarse aggregate

再生粗骨料占粗骨料总质量(再生粗骨料和天然粗骨料质量之和)的百分率。

2.1.6 再生骨料混凝土路面 recycled aggregate concrete pavement

以再生骨料混凝土为主要材料的路面。

2.1.7 再生级配骨料 recycled size graded aggregates

在级配骨料配制过程中用再生骨料取代天然骨料,取代率 15%及以上。

2.1.8 道路工程配套再生骨料混凝土制品 recycled aggregate-concrete components for pavement

用再生骨料混凝土制备的路缘石、隔离墩、混凝土路面砖、侧平石等市政部件,其中再生粗骨料取代率不应低于15%。

2.2 符 号

A_S——受拉钢筋的面积;

A——构件截面面积;

A'_S——全部纵向钢筋的截面面积;

A_{SV}——配置在同一截面内箍筋各肢的全部截面面积;

b——截面宽度;

E_c——再生骨料混凝土弹性模量;

$f_{cu,k}$——再生骨料混凝土立方体抗压强度标准值;

f_{ck},f_c——再生骨料混凝土轴心抗压强度标准值、设计值;

f_{tk},f_t——再生骨料混凝土轴心抗拉强度标准值、设计值;

f_{rk}——再生骨料混凝土抗折强度标准值;

f_y,f'_y——纵向钢筋抗拉、抗压强度设计值;

f_{yv}——箍筋抗拉强度设计值;

h_0——截面有效高度;

M——弯矩设计值;

N——轴向压力设计值;

s——沿构件长度方向的箍筋间距;

V——剪力设计值;

x——再生骨料混凝土受压区高度;

α_1——再生骨料混凝土受压区矩形应力图的应力值与混凝土轴心抗压强度设计值的比值;

λ——计算截面的剪跨比;

σ_c,ε_c——再生骨料混凝土应力、应变;

ξ_b——相对界限受压区高度；

φ——钢筋再生骨料混凝土构件的稳定系数；

a——裂缝宽度增大系数。

3 建筑工程用再生骨料混凝土

3.1 一般规定

3.1.1 本章适用于下列情况的建筑工程用再生骨料混凝土：

1 采用Ⅰ、Ⅱ类再生粗骨料配制 C40～C50 强度等级的再生骨料混凝土，再生粗骨料取代率应为 15％～30％。

2 采用Ⅰ、Ⅱ类再生粗骨料配制 C35 及以下强度等级的再生骨料混凝土，再生粗骨料取代率应为 30％～50％。

3 采用Ⅲ类再生粗骨料配制 C25 以下强度等级的再生骨料混凝土，再生粗骨料取代率应为 30％～50％。

3.1.2 采用Ⅲ类再生粗骨料配制的再生骨料混凝土，不应用于建筑工程的承重结构。

3.1.3 当设计 C50 以上强度等级再生骨料混凝土时，或再生粗骨料取代率超过 50％时，应通过试验对其结果作出可行性评定，并应经专项技术论证。

3.1.4 当采用Ⅰ类再生粗骨料配制再生骨料混凝土用于建筑工程时，其性能指标、制备、设计、施工与质量验收按普通混凝土规定执行。当采用Ⅱ、Ⅲ类再生粗骨料配制再生骨料混凝土用于建筑工程时，其性能指标、制备、设计、施工与质量验收按本标准规定执行。

3.2 性能指标

3.2.1 再生骨料混凝土的轴心抗压、轴心抗拉强度标准值 f_{ck}、f_{tk} 按表 3.2.1-1 的规定取值，设计值 f_c、f_t 按表 3.2.1-2 的规定取值。

表 3.2.1-1 再生骨料混凝土的强度标准值(MPa)

表 3.2.1-1 再生骨料混凝土的强度标准值(MPa)

强度种类	再生骨料混凝土强度等级							
	C15	C20	C25	C30	C35	C40	C45	C50
f_{ck}	10.0	13.4	16.7	20.1	23.4	26.8	29.6	32.4
f_{tk}	1.27	1.54	1.78	2.01	2.20	2.39	2.51	2.64

表 3.2.1-2 再生骨料混凝土的强度设计值(MPa)

强度类	再生骨料混凝土强度等级							
	C15	C20	C25	C30	C35	C40	C45	C50
f_c	6.90	9.24	11.52	13.86	16.14	18.48	20.41	22.34
f_t	0.88	1.06	1.23	1.39	1.52	1.65	1.73	1.82

3.2.2 再生骨料混凝土的抗折强度标准值 f_{rk} 可按式(3.2.2)计算。

$$f_{rk} = 0.75\sqrt{f_{cu,k}} \qquad (3.2.2)$$

式中：$f_{cu,k}$——再生骨料混凝土立方体抗压强度标准值(即强度等级)(MPa)。

3.2.3 再生骨料混凝土的受压和受拉的弹性模量 E_c 宜通过试验确定。在缺乏试验资料时,可按表 3.2.3 采用。

表 3.2.3 再生骨料混凝土的弹性模量($\times 10^4$ MPa)

强度等级	C15	C20	C25	C30	C35	C40	C45	C50
再生粗骨料取代率30%	2.09	2.42	2.66	2.85	2.99	3.09	3.18	3.28
再生粗骨料取代率50%	1.98	2.30	2.52	2.70	2.84	2.93	3.02	3.11

3.2.4 再生骨料混凝土的单轴受压应力-应变曲线通过试验确定;若无试验数据时,可按本标准附录 A 取用。

3.2.5 再生骨料混凝土的收缩值高于普通混凝土时,可在普通混凝土的基础上加以修正,修正系数取 1.00～1.14。再生粗骨料取代率为 30% 时,可取 1.00;再生粗骨料取代率为 50% 时,可取 1.14;中间可采用线性内插取值。当再生粗骨料取代率为 15%～30% 时,可不作修正。

3.2.6 再生骨料混凝土的徐变值高于普通混凝土时,可在普通混凝土的基础上加以修正,修正系数取 1.00～1.12。再生粗骨料取代率为 30% 时,可取 1.00;再生粗骨料取代率为 50% 时,可取 1.12;中间可采用线性内插取值。当再生粗骨料取代率为 15%～30% 时,可不作修正。

3.2.7 再生骨料混凝土的泊松比可取为 0.2。

3.2.8 再生骨料混凝土的温度线膨胀系数可按普通混凝土取值。

3.2.9 再生骨料混凝土的导热系数和比热宜通过试验确定,在缺乏试验资料时,可按表 3.2.9 取值;再生粗骨料取代率介于 30%～50% 时,采用线性内插取值。当再生粗骨料取代率为 15%～30% 时,可不作修正。

表 3.2.9 再生骨料混凝土的导热系数和比热

再生粗骨料取代率(%)	30	50
导热系数[W/(m·℃)]	1.493	1.458
比热[J/(kg·℃)]	905.5	914.2

3.2.10 再生骨料混凝土结构的耐久性基本要求应符合表 3.2.10 的规定。

表 3.2.10 结构用再生骨料混凝土耐久性基本要求

环境等级		最大水胶比	最低强度等级	最大氯离子含量(%)	最大碱含量(kg/m³)
一		0.60	C25	0.30	不限制
二	A	0.55	C30	0.20	3.0
	B	0.50	C35	0.15	
三	A	0.45	C40	0.15	
	B	0.40	C45	0.10	

注:1 氯离子含量系指其占胶凝材料总量的百分比。

2 环境等级一、二、三类及 A、B 的划分参照现行国家标准《混凝土结构设计规范》GB 50010。

3.2.11 再生骨料混凝土的抗渗性能、抗冻性能、抗侵蚀性能、抗碳化性能以及抑制碱骨料反应的性能等耐久性能的试验方法按现行国家标准《普通混凝土长期性能和耐久性能试验方法标准》GB/T 50082 的规定执行。

3.2.12 再生骨料混凝土的碳化深度宜由碳化实验确定；当无实验数据时，可按本标准附录 B 进行碳化深度的预测。

3.2.13 混凝土最小保护层厚度根据构件类别、环境类别以及再生骨料取代率等情况确定，可按现行行业标准《再生混凝土结构技术标准》JGJ/T 443 进行取值。

3.2.14 对丙类建筑，再生骨料混凝土的设计使用年限为 50 年。对于其他情况，再生骨料混凝土的设计使用年限应根据具体工程要求及相关标准规定确定。

3.3 制　备

3.3.1 再生骨料混凝土胶水比 C/W_{Rg} 的简易计算方法可按下式计算：

$$C/W_{Rg} = f_{Rg}/(Af_{ce}) + B \qquad (3.3.1)$$

式中：C——再生骨料混凝土拌合物的胶凝材料用量（kg/m^3）；

W_{Rg}——再生骨料混凝土的净用水量（kg/m^3）；

f_{Rg}——再生骨料混凝土的配制强度（MPa）；

f_{ce}——胶凝材料的实测 28d 抗压强度（MPa）；

A,B——线性回归系数，无量纲。

3.3.2 当再生骨料混凝土的胶水比大于现行行业标准《普通混凝土配合比设计规程》JGJ 55 所规定的最大胶水比时，按规定的最大胶水比取值；或者当再生骨料混凝土的胶凝材料用量小于现行行业标准《普通混凝土配合比设计规程》JGJ 55 所规定的最小胶凝材料用量时，按规定的最小胶凝材料用量取值。

3.3.3 再生骨料混凝土拌合物在满足施工要求的前提下,尽可能采用较小的坍落度,泵送再生骨料混凝土拌合物坍落度设计值不宜大于180mm。

3.3.4 再生骨料混凝土制备后应检测其坍落度、坍落扩展度、凝结时间等技术指标,确保拌合物工作性能满足设计和施工要求。

3.3.5 再生骨料混凝土的制备除应符合本标准的相关规定外,尚应符合现行上海市地方标准《再生骨料混凝土技术要求》DB31/T 1128及相关国家标准要求。

3.4 设 计

3.4.1 再生骨料混凝土可用于框架结构、剪力墙结构和框架-剪力墙结构等结构形式中梁、板、柱和剪力墙等构件。

3.4.2 再生骨料混凝土正截面受弯构件在设计计算时,应满足下列基本假定:

　　1 截面平均应变应保持平面。

　　2 钢筋应力取钢筋应变与其弹性模量的乘积,且不应大于其强度设计值,受拉钢筋的极限拉应变应取0.01。

　　3 不考虑再生骨料混凝土的抗拉强度。

3.4.3 材料选择设计应符合下列要求:

　　1 水泥应符合现行国家标准《通用硅酸盐水泥》GB 175的规定;当采用其他品种水泥时,其性能应符合国家现行有关标准的规定;不同品种水泥不得混合使用。

　　2 纵向受力钢筋的锚固长度与普通混凝土中的一致。

　　3 纵向受力钢筋的配筋率不应小于现行国家标准《混凝土结构设计规范》GB 50010规定的最小配筋率;箍筋的配箍率不应小于现行国家标准《混凝土结构设计规范》GB 50010规定的最小配箍率。最小配筋率和最小配箍率应满足可靠度的要求。

4 纵向受力普通钢筋可采用 HRB400、HRB500、HRBF400、HRBF500、HRB335、RRB400、HPB300 钢筋。

5 箍筋宜采用 HRB400、HRBF400、HRB335、HPB300 钢筋。

3.4.4 承载力极限状态的设计应符合下列要求：

1 正截面受弯承载力可按下式计算：

$$M \leqslant \alpha_1 f_c bx \left(h_0 - \frac{x}{2} \right) \tag{3.4.4-1}$$

$$\alpha_1 f_c bx + f'_y A'_s = f_y A_s \tag{3.4.4-2}$$

式中：M——弯矩设计值；

α_1——再生骨料混凝土受压区矩形应力图的应力值与混凝土轴心抗压强度设计值的比值；

f_c——再生骨料混凝土轴心抗压强度设计值；

x——再生骨料混凝土受压区高度，$x \leqslant \xi_b h_0$，ξ_b 为矩形应力图形的相对界限受压区高度，$\xi_b = \beta_1 / \left(1 + \dfrac{f_y}{E_s \varepsilon_{cu}} \right)$，$\beta_1$ 为系数，E_s 为钢筋弹性模量，ε_{cu} 为再生骨料混凝土极限应变；

b, h_0——截面宽度和截面有效高度；

f_y, A_s——纵向钢筋抗拉强度设计值和面积。

2 正截面轴心受压承载力可按下式计算：

$$N \leqslant 0.9\varphi(0.95 f_c A + f'_y A'_s) \tag{3.4.4-3}$$

式中：N——轴向压力设计值；

φ——钢筋混凝土构件的稳定系数；

f_c——再生骨料混凝土轴心抗压强度设计值；

A——构件截面面积；

f'_y——纵向钢筋抗压强度设计值，取值小于等于 400MPa；

A'_s——全部纵向钢筋的截面面积。

3 斜截面受剪承载力可按下式计算：

$$V \leqslant 0.9\alpha_{cv} f_t bh_0 + A_{sv} f_{yv} \frac{h_0}{s} \qquad (3.4.4-4)$$

式中：V——剪力设计值；

α_{cv}——再生骨料混凝土斜截面受剪承载力系数，对于一般受弯构件取 0.7，对集中荷载作用下（包括作用有多种荷载，其中集中荷载对支座截面或节点边缘所产生的剪力值占总剪力的 75% 以上的情况）的独立梁，取 1.75/($\lambda+1$)，λ 为计算截面的剪跨比；

f_t——再生骨料混凝土抗拉强度设计值；

A_{sv}——配置在同一截面内箍筋各肢的全部截面面积；$A_{sv}=nA_{sv1}$，此处 n 为在同一截面内箍筋的肢数，A_{sv1} 为单肢箍筋的截面面积；

s——沿构件长度方向的箍筋间距；

f_{yv}——箍筋抗拉强度设计值。

4 偏心受压、轴心受拉、偏心受拉、受扭、局部受压、受冲切等工况下可参照现行国家标准《混凝土结构设计规范》GB 50010 的相关公式进行计算。

5 地震作用下的再生骨料混凝土承载力极限状态设计，在极限承载力的基础上乘以一个折减系数。系数的取值参见国家标准《建筑抗震设计规范》GB 50011—2010 的表 5.4.2。

3.4.5 正常使用极限状态的设计应符合下列要求：

1 再生骨料混凝土抗裂验算可按现行国家标准《混凝土结构设计规范》GB 50010 的有关公式验算。

2 裂缝宽度验算可按现行国家标准《混凝土结构设计规范》GB 50010 相关公式验算，其中再生骨料混凝土强度指标根据本标准规定的数值取用，最后的裂缝宽度在按标准计算值的基础上，乘以增大系数 a。当再生骨料取代率为 15%～30% 时，取 $a=$ 1.03；再生骨料取代率为 50% 时，取 $a=1.05$；再生骨料取代率为

30%～50%时,按线性插值计算增大系数 a。

3 受弯构件挠度可按现行国家标准《混凝土结构设计规范》GB 50010 有关公式验算,包含初始挠度和荷载长期作用徐变挠度在内的总挠度,计算结果尚应考虑荷载长期作用下再生骨料混凝土构件挠度附加增大系数。当再生粗骨料取代率为 30%～50%时,挠度放大系数取 1.2。

3.4.6 再生骨料混凝土结构抗震设计应符合下列要求:

1 在计算再生骨料混凝土构件内力时,再生骨料混凝土的弹性模量宜取实测值;当无可靠的再生骨料混凝土弹性模量的实测数据时,宜按照本标准表 3.2.3 取值。

2 在进行多遇地震作用下抗震变形验算时,再生骨料混凝土的弹性模量宜取实测值;当无可靠的再生骨料混凝土弹性模量实测数据时,宜按照本标准表 3.2.3 取值。

3 再生骨料混凝土结构在多遇地震作用下的阻尼比在再生骨料取代率为 30%时,取 5.30%;在再生骨料取代率为 50%时,取5.50%;取代率为 30%～50%时,按线性内插法采用;当取代率小于 30%时,按普通混凝土取值。风荷载作用下,楼层位移验算和构件设计时阻尼比可取 5.00%。

4 当高层结构中的剪力墙底部加强部位采用再生骨料混凝土时,约束边缘构件竖向钢筋最小配筋率或构造边缘构件竖向钢筋最小量箍筋或拉筋沿竖向最大间距,按抗震等级提高一级采用。

5 再生骨料混凝土结构构件抗震设计应符合现行国家标准《混凝土结构设计规范》GB 50010 的相关要求。

6 现浇多层和高层钢筋再生骨料混凝土房屋的结构类型和最大高度应符合表 3.4.6-1 的要求。

表 3.4.6-1 现浇多层和高层再生骨料混凝土房屋适用的最大高度(m)

结构类型	再生粗骨料取代率	设防烈度		
		6	7	8(0.2g)
框架结构	30%	45	40	35
	50%	40	35	30
框架-剪力墙结构	30%	90	85	70
	50%	70	65	55
剪力墙结构	30%	100	85	70
	50%	80	70	60

注:1 房屋高度指室外地面到主要屋面板板顶的高度(不包括局部突出屋顶部分)。

2 表中框架不包括异形柱框架。

3 超过表内高度的房屋,应进行专门研究和论证,采取有效的加强措施。

4 当再生粗骨料取代率为30%~50%时,适用的最大高度可按线性内插法采用。

7 再生骨料混凝土结构应根据设防类别、烈度、结构类型和房屋高度采用不同的抗震等级,并应符合相应的普通混凝土房屋计算和构造措施要求。丙类建筑的抗震等级按表 3.4.6-2 确定。

表 3.4.6-2 丙类建筑现浇多层和高层再生骨料混凝土房屋的抗震等级

结构类型		设防烈度					
		6		7		8	
框架结构	高度(m)	≤15	>15	≤15		≤15	>15
	框架	四	三	三		二	一
框架-剪力墙结构	高度(m)	≤40	>40	≤15	15~40	>40	≤15	15~40	>40
	框架	四	三	四	三	二	三	二	一
	剪力墙	三		三	二		二		一
剪力墙结构	高度(m)	≤50	>50	≤15	15~50	>50	≤15	15~50	>50
	剪力墙	四	三	四	三	二	三	二	一

注:接近或等于高度分界时,应允许结合房屋不规则程度及场地、地基条件确定抗震等级。

8 再生骨料混凝土多层和高层房屋,再生骨料混凝土强度等级应符合下列规定:

      1) 一级抗震等级的框架梁、柱及节点,不应低于C35;

      2) 其他各类结构构件,不应低于C30。

9 再生骨料混凝土多层和高层框架柱,其截面尺寸宜符合下列规定:

      1) 矩形截面柱的边长,抗震等级为四级时不宜小于350mm,抗震等级为一、二、三级时不宜小于450mm;

      2) 矩形截面柱长边与短边的比值不宜大于3;

      3) 圆形截面柱的直径,抗震等级为四级时不宜小于400mm,抗震等级为一、二、三级时不宜小于500mm;

      4) 剪跨比宜大于2。

10 再生骨料混凝土多层和高层结构,其再生骨料混凝土柱轴压比限值应符合表3.4.6-3的规定;当再生粗骨料取代率为30%~50%时,柱轴压比限值可按线性内插法采用;建造于Ⅳ类场地的高层建筑,柱轴压比限值宜降低0.05采用。

表3.4.6-3 多层和高层再生骨料混凝土
结构再生骨料混凝土柱轴压比限值

结构类型	再生粗骨料取代率	抗震等级			
		一	二	三	四
框架结构	30%	0.60	0.70	0.80	0.85
	50%	0.55	0.65	0.75	0.80
框架-剪力墙结构	30%	0.70	0.80	0.85	0.90
	50%	0.65	0.75	0.80	0.85

注:1 轴压比指柱组合的轴压力设计值与柱的全截面面积和混凝土轴心抗压强度设计值乘积之比值。

    2 有关柱轴压比限值的其他要求,应符合现行国家标准《建筑抗震设计规范》GB 50011的有关规定。

11 再生骨料混凝土的多层和高层建筑,一、二、三级再生骨料混凝土剪力墙在重力荷载代表值作用下墙肢的轴压比不宜超过表 3.4.6-4 的限值;当再生粗骨料取代率为 30%～50% 时,墙肢的轴压比限值可按线性内插法采用。

表 3.4.6-4 多层和高层再生骨料混凝土
结构再生骨料混凝土剪力墙轴压比限值

再生粗骨料取代率	抗震等级	
	一级(7、8 度)	二级、三级
30%	0.45	0.55
50%	0.40	0.50

12 再生骨料混凝土框架结构的其他抗震构造措施应符合国家标准《建筑抗震设计规范》GB 50011－2010 中第 6.3 节的要求。

13 再生骨料混凝土剪力墙结构的抗震构造措施应符合现行国家标准《建筑抗震设计规范》GB 50011 的要求。再生骨料混凝土剪力墙的厚度、墙肢的轴压比、钢筋配置、剪力墙两端和洞口两侧边缘构件的设置等应符合国家标准《建筑抗震设计规范》GB 50011－2010 中第 6.4 节的要求。

14 再生骨料混凝土框架-剪力墙结构的抗震构造措施应符合现行国家标准《建筑抗震设计规范》GB 50011 的要求。再生骨料混凝土剪力墙的厚度和边框设置、钢筋配置、楼面梁与剪力墙的连接等应符合国家标准《建筑抗震设计规范》GB 50011－2010 中第 6.5 节的要求。

3.5 施 工

3.5.1 再生骨料混凝土振捣应能使模板内各个部位的混凝土密实、均匀,不应漏振、欠振、过振。

3.5.2 再生骨料混凝土的浇筑与施工应符合下列要求：

1 再生骨料混凝土拌合物浇筑倾落的自由高度不宜超过2m。当倾落高度大于2m时，应加串筒、斜槽或溜管等辅助工具。

2 再生骨料混凝土拌合物采用机械振捣成型，振捣时间宜按拌合物和易性和振捣部位等不同情况，控制在10s～30s内。对流动性大的再生骨料混凝土塑性拌合物以及用于非承重结构的拌合物，可采用插捣成型。

3.5.3 再生骨料混凝土的工地现场施工应符合下列要求：

1 用干硬性再生骨料混凝土拌合物浇筑构件，采用振动台或表面加压成型。

2 浇筑上表面积较大的构件，当厚度小于或等于200mm时，宜采用表面振动成型；当厚度大于200mm时，宜先用插入式振捣棒振捣密实后，再表面振捣。

3 用插入式振捣棒振捣时，插入间距不应大于振捣棒振捣作用半径的一倍。连续多层浇筑时，插入式振捣棒应插入下层拌合物约50mm。

4 根据施工对象及拌合物性质选择适当的振捣器，并确定振捣时间。

5 再生骨料混凝土浇筑成型后应及时覆盖和洒水养护。

6 采用自然养护时，湿养护时间不应少于7d，对于添加缓凝剂的再生骨料混凝土延长到14d。再生骨料混凝土构件用塑料薄膜覆盖养护时，全部表面应覆盖严密，保持膜内有凝结水。再生骨料混凝土的拆模时间应符合现行规范要求。

7 雨天、雪天不宜进行再生混凝土施工。

3.6 质量验收

3.6.1 再生骨料混凝土工作性能检验方法应符合现行国家标准《普通混凝土拌合物性能试验方法标准》GB/T 50080 的规定，力学性能的检验方法应符合现行国家标准《普通混凝土力学性能试验方法标准》GB/T 50081 的规定,耐久性能的检验方法应符合现行国家标准《普通混凝土长期性能和耐久性能试验方法标准》GB/T 50082 的规定。

3.6.2 再生骨料混凝土强度的检验评定方法按照现行国家标准《混凝土强度检验评定标准》GB 50107 进行。

3.6.3 当再生骨料混凝土检验评定为强度不合格时,可采用非破损检测方法,按国家现行有关标准的规定对结构构件中的混凝土强度进行推定,并作为处理的依据。当采用回弹法测试再生骨料混凝土抗压强度时,可先将回弹值乘以 1.25 后,查对应的普通混凝土回弹表格得到再生骨料混凝土的抗压强度。

3.6.4 再生骨料混凝土结构施工质量检查可分为过程控制检查和拆模后的实体质量检查。过程控制检查应在混凝土施工全过程中,按施工段划分和工序安排及时进行;拆模后的实体质量检查应在混凝土表面未做处理和装饰前进行。

3.6.5 再生骨料混凝土结构质量的检查,应符合下列规定:

　　1 检查的频率、时间、方法和参加检查的人员,应根据质量控制的需要确定。

　　2 施工单位应对完成施工的部位或成果的质量进行自检,自检应全数检查。

　　3 再生骨料混凝土结构质量检查应做出记录。

　　4 再生骨料混凝土结构质量检查中,对于已经隐蔽、不可直接观察和量测的内容,可检查隐蔽工程验收记录。

4 道路工程用再生骨料混凝土与半刚性基层结构

4.1 一般规定

4.1.1 再生骨料混合料应采用集中厂拌进行生产。

4.1.2 再生骨料混合料施工时,应严格控制碾压含水率。

4.2 道路用再生骨料

4.2.1 路面半刚性基层、底基层用再生骨料组成应符合现行行业标准《公路路面基层施工技术细则》JTG/T F20 中集料规格G2、G8 和 G11 的规定。

4.2.2 路面半刚性基层、底基层用再生骨料技术要求应符合表4.2.2 的规定。

表 4.2.2　路面半刚性基层、底基层用再生骨料技术要求

项目	路面结构层位	交通荷载等级		试验方法
		极重、特重、重	中、轻	
杂物含量（%）	基层	≤0.15	≤0.3	按照《混凝土用再生粗骨料》GB/T 25177 中规定的杂物含量试验方法执行
	底基层			
混凝土块含量（%）	基层	≥50	≥40	按照本标准附录 C 执行
	底基层	≥40	≥30	
压碎值（%）	基层	≤22	≤26	按照《公路路面基层施工技术细则》JTG E42 中规定的压碎指标试验方法执行
	底基层	≤26	≤30	
针片状含量（%）	基层	≤18		按照《公路路面基层施工技术细则》JTG E42 中规定的针片状颗粒含量试验方法执行
	底基层			

4.2.3 水泥混凝土面层、基层用再生骨料混凝土应符合本标准第 3 章的相关规定。

4.3 水泥稳定再生骨料碎石混合料

4.3.1 水泥稳定再生骨料碎石混合料应符合表 4.3.1 的强度要求。

表 4.3.1 水泥稳定再生骨料碎石混合料 7d 抗压强度(MPa)

结构层	道路等级	极重、特重交通	重交通	中、轻交通
基层	快速路、城市主干路、高速公路、一级公路	5.0~7.0	4.0~6.0	3.0~5.0
	其他等级公路及城市道路	4.0~6.0	3.0~5.0	2.0~4.0
底基层	快速路、城市主干路、高速公路、一级公路	3.0~5.0	2.5~4.5	2.0~4.0
	其他等级公路及城市道路	2.5~4.5	2.0~4.0	1.0~3.0

4.3.2 混合料设计应符合下列规定:

1 试配时水泥掺量可按照 3%、4%、5%、6%选择。

2 根据试验确定水泥掺量、混合料的最佳含水率和最大干密度。

3 试件养护和抗压强度测定应符合现行行业标准《公路工程无机结合料稳定材料试验规程》JTG E51 的有关要求。

4.4 石灰粉煤灰稳定再生骨料碎石混合料

4.4.1 石灰粉煤灰稳定再生骨料碎石混合料应符合表 4.4.1 的强度标准。

表 4.4.1 石灰粉煤灰稳定再生骨料碎石混合料 7d 抗压强度(MPa)

结构层	道路等级	极重、特重交通	重交通	中、轻交通
基层	快速路、城市主干路、高速公路、一级公路	≥1.1	≥1.0	≥0.9
	其他等级公路及城市道路	≥0.9	≥0.8	≥0.7
底基层	快速路、城市主干路、高速公路、一级公路	≥0.8	≥0.7	≥0.6
	其他等级公路及城市道路	≥0.7	≥0.6	≥0.5

4.4.2 石灰粉煤灰稳定再生骨料碎石混合料,石灰与粉煤灰的质量比例宜为 1∶1.5～1∶3,石灰粉煤灰与骨料的质量比例宜为 15∶85～22∶78。

4.4.3 石灰粉煤灰稳定再生骨料碎石混合料设计应符合下列规定:

1 试配时石灰掺量宜按表 4.4.3 选取。

表 4.4.3 石灰粉煤灰稳定再生骨料碎石混合料试配石灰掺量

结构部位	石灰掺量(%)			
基层	4	5	6	7
底基层	3	4	5	6

2 根据试验确定混合料的石灰掺量、最佳含水率和最大干密度。

3 试件养护和抗压强度测定应符合现行行业标准《公路工程无机结合料稳定材料试验规程》JTG E51 的有关要求。

4 根据抗压强度试验结果,选定石灰掺量,石灰最小掺量不宜小于 3%。

4.5 再生骨料混凝土基层

4.5.1 再生骨料混凝土配合比设计应符合本标准第 3.4 节的规定。

4.5.2 再生骨料混凝土用于道路基层应采用碾压成型的方式。

4.5.3 再生骨料混凝土用于道路基层应符合下列规定：

1 7d 龄期无侧限抗压强度应不低于 7MPa，且宜不高于 10MPa。

2 水泥剂量宜不大于混合料总质量的 13%。

3 需要提高材料强度时，应优化混合料级配，并验证收缩性能、弯拉强度等指标。

4.6 再生骨料混凝土面层

4.6.1 再生骨料混凝土面层不可采用再生细骨料。

4.6.2 再生骨料混凝土面层适用于城市支路或者三、四级公路面层。

4.6.3 再生骨料混凝土配合比设计应符合本标准第 3.3.1 条的规定。

4.6.4 再生骨料混凝土路面的结构组合、接缝设计、配筋设计应符合现行行业标准《公路水泥混凝土路面设计规范》JTG D40 的规定。

4.7 施工与质量验收

4.7.1 基层和底基层混合料的拌和应符合下列规定：

1 再生骨料存放应有防雨措施。

2 混合料组成应符合要求，计量准确；含水率应符合施工要求,搅拌均匀。

3 搅拌厂应向现场提供产品合格证及水泥用量、石灰活性氧化物含量、粒料等级、粒料级配、混合料配合比和 R7 强度标准值。

4 混合料运输应覆盖,不得遗撒、扬尘。

4.7.2 基层和底基层混合料的摊铺应符合下列规定:

1 施工前通过试验确定压实系数。水泥稳定再生骨料混合料压实系数宜为 1.30~1.35;石灰粉煤灰稳定再生骨料混合料宜为 1.20~1.45。

2 施工压实标准应符合现行行业标准《公路路面基层施工技术细则》JTG/T F20 中第 5.1.8 条和第 5.1.9 条的规定。

3 混合料每层最大压实厚度不宜大于 200mm,且不宜小于 150mm。

4 混合料宜采用机械摊铺,每次摊铺长度宜为一个碾压段,应按当班施工长度计算用料量。水泥稳定再生骨料混合料从搅拌到摊铺完成不应超过 3h。

5 摊铺中发生粗、细骨料离析时,应及时翻拌均匀。

6 石灰粉煤灰稳定再生骨料混合料分层摊铺时,应在下层养护 7d 后,方可摊铺上层材料。

4.7.3 基层和底基层混合料的碾压应符合下列规定:

1 石灰粉煤灰稳定再生骨料碎石混合料摊铺后应在 4h 内完成碾压,水泥稳定再生骨料碎石混合料摊铺后应在初凝前完成碾压。

2 在混合料的含水率与最佳含水率之差处于允许范围(−1.0%~+0.5%)内进行碾压。

3 初压时,碾速宜为(20~30)m/min,混合料基层初步稳定后,碾速宜为(30~40)m/min。

4 水泥稳定再生骨料混合料在初凝前碾压完成。

4.7.4 基层和底基层混合料的接茬、养护应符合现行行业标准

《城镇道路工程施工与质量验收规范》CJJ 1 的规定。

4.7.5 水泥混凝土路面施工应符合现行行业标准《公路水泥混凝土路面施工技术细则》JTG/T F30 的要求。

4.7.6 质量验收按照现行行业标准《城镇道路工程施工与质量验收规范》CJJ 1、《公路工程质量检验评定标准》JTG F80/1、现行上海市工程建设规范《城市道路桥梁工程施工质量验收规范》DG/TJ 08—2152 及《道路、排水管道成品与半成品施工及验收规程》DG/TJ 08—87 中的规定执行。

5 道路工程用再生骨料混凝土制品

5.0.1 道路工程用再生骨料混凝土制品生产时,再生粗骨料宜与碎石、石屑、机制砂、中砂等骨料复合使用,再生粗骨料取代率宜为 15%～50%,当超过 50% 时,应通过试验确定具体的取代率。

5.0.2 道路工程用再生骨料混凝土制品的品质应符合以下要求:

1 路缘石应符合现行行业标准《混凝土路缘石》JC/T 899 的要求。

2 混凝土路面砖应符合现行国家标准《混凝土路面砖》GB 28635 的要求。

3 人行道板、井盖应符合现行上海市工程建设规范《道路、排水管道成品与半成品施工及验收规程》DG/TJ 08—87 的要求。

5.0.3 道路工程用再生骨料混凝土制品的施工和验收符合现行上海市工程建设规范《道路、排水管道成品与半成品施工及验收规程》DG/TJ 08—87 的规定。

5.0.4 用再生骨料混凝土制备路缘石、隔离墩、混凝土路面砖、侧平石等道路工程用再生骨料混凝土制品时,应采用符合本标准的Ⅱ类及Ⅱ类以上再生骨料。

5.0.5 隔离墙、防撞墙宜采用粒径不超过 31.5mm 的再生粗骨料;混凝土路面砖、人行道板宜采用粒径不超过 16.0mm 的再生粗骨料。

附录 A 再生骨料混凝土单轴受压本构关系

A.0.1 再生骨料混凝土的单轴受压本构关系可按式（A.0.1-1）确定，单轴受压损伤演化参数 d_c 按式（A.0.1-2）确定。

$$\sigma_c = (1-d_c)E_c\varepsilon_c \qquad (A.0.1-1)$$

$$d_c = \begin{cases} 1-\dfrac{\rho_c m}{m-1+\eta^m}, & 0 \leqslant \eta < 1 \\[3mm] 1-\dfrac{\rho_c}{\alpha_c(\eta-1)^2+\eta}, & \eta > 1 \end{cases} \qquad (A.0.1-2)$$

$$\rho_c = \frac{\sigma_{cp}}{E_c\varepsilon_{cp}} \qquad (A.0.1-3)$$

$$m = \frac{E_c\varepsilon_{cp}}{E_c\varepsilon_{cp}-\sigma_{cp}} \qquad (A.0.1-4)$$

$$\eta = \frac{\varepsilon_c}{\varepsilon_{cp}} \qquad (A.0.1-5)$$

式中，σ_c 为受压应力；σ_{cp} 为峰值应力；ε_c 为受压应变；ε_{cp} 为峰值应变；E_c 为弹性模量；α_c 为下降段形状系数。

附录 B 再生骨料混凝土碳化深度预测模型

B.0.1 再生骨料混凝土碳化深度可按下列模型 a 和模型 b 进行预测。

［模型 a］

$$d(t) = K_{CO_2} \cdot K_{kl} \cdot K_{kt} \cdot K_{ks} \cdot T^{0.25} \cdot RH^{1.5} \cdot$$
$$(1-RH) \cdot \left(\frac{230}{f_{cu}^{RC}}+2.5\right) \cdot \sqrt{t} \qquad \text{(B.0.1-1)}$$

式中：$d(t)$——时间 t 时的碳化深度（mm），t 单位为 d；

$\quad K_{CO_2}$——CO_2 浓度系数，$K_{CO_2} = \sqrt{\dfrac{n_0}{0.2}}$；

$\quad n_0$——CO_2 的体积浓度（%）；

$\quad K_{kl}$——位置影响系数，构件角区取 1.4，非角区取 1.0；

$\quad K_{kt}$——养护浇筑影响系数，取 1.2；

$\quad K_{ks}$——工作应力影响系数，受压时取 1.0，受拉时取 1.1；

$\quad T$——环境温度（℃）；

$\quad RH$——周围环境相对湿度（%）；

$\quad f_{cu}^{RC}$——再生骨料混凝土立方体抗压强度平均值（MPa）。

［模型 b］

$$d(t) = 839 \cdot g_{RC}(1-RH)^{1.1} \sqrt{\frac{W/(\gamma_c C)-0.34}{\gamma_{HD}\gamma_c C}n_0} \cdot \sqrt{t}$$

$$\text{(B.0.1-2)}$$

式中：g_{RC}——再生骨料取代率影响系数（对于普通混凝土，g_{RC} 等于 1；对于 100% 取代率的再生骨料混凝土，g_{RC} 等于 1.5；对于其他取代率，g_{RC} 采用线性插值计算得到）；

$\quad RH$——周围环境相对湿度（大于 55%）；

W, C——单位体积混凝土的用水量和水泥用量(kg/m^3);

γ_{HD}——水泥水化程度修正系数,超过 90d 养护取 1,28d 养护取 0.85,中间养护龄期按线性插入法取值;

γ_c——水泥品种修正系数,硅酸盐水泥取 1,其他品种水泥取 $\gamma_c = 1 -$ 掺合料含量。

附录 C 混凝土块含量测试方法

C.0.1 试验应采用以下仪器和材料:

1)干燥箱;

2)电子天平:称量 20.0kg,精度 0.1g;

3)方孔筛:孔径 4.75mm 筛 1 只;

4)铁铲、搪瓷盘、毛刷。

C.0.2 按照现行国家标准《建设用卵石、碎石》GB/T 14685 的规定取样,最小取样量应符合表 C.0.2 的要求。

表 C.0.2 试验取样量

最大粒径(mm)	9.5	19.0	31.5
最少取样量(kg)	20.0	40.0	60.0
最少试样量(kg)	4.0	8.0	15.0

C.0.3 试验步骤:

1)称量试样质量 m_1,准确值至 0.1g;

2)选出试样中的混凝土块,并称量其质量 m_2,准确至 0.1g,其中混凝土块是指混凝土及石块;

3)计算结果,混凝土块含量 $Q = m_2/m_1 \times 100\%$。

本标准用词说明

1　为便于在执行本标准条文时区别对待,对要求严格程度不同的用词说明如下:

　1)表示很严格,非这样做不可的用词:

　　正面词采用"必须";

　　反面词采用"严禁"。

　2)表示严格,在正常情况下均应这样做的用词:

　　正面词采用"应";

　　反面词采用"不应"或"不得"。

　3)对表示允许稍有选择,在条件许可时首先应这样做的用词:

　　正面词采用"宜";

　　反面词采用"不宜"。

　4)表示有选择,在一定条件下可以这样做的用词,采用"可"。

2　条文中指定应按其他有关标准、规范执行时,写法为"应符合……的规定"或"应按……执行"。

引用标准名录

1 《通用硅酸盐水泥》GB 175

2 《建设用卵石、碎石》GB/T 14685

3 《混凝土路面砖》GB 28635

4 《混凝土用再生粗骨料》GB/T 25177

5 《混凝土结构设计规范》GB 50010

6 《建筑抗震设计规范》GB 50011

7 《普通混凝土拌合物性能试验方法标准》GB/T 50080

8 《普通混凝土力学性能试验方法标准》GB/T 50081

9 《普通混凝土长期性能和耐久性能试验方法标准》GB/T 50082

10 《混凝土强度检验评定标准》GB 50107

11 《混凝土结构工程施工质量验收规范》GB 50204

12 《回弹法检测混凝土抗压强度技术规程》JGJ/T 23

13 《轻骨料混凝土技术规程》JGJ 51

14 《普通混凝土配合比设计规程》JGJ 55

15 《再生混凝土结构技术标准》JGJ/T 443

16 《混凝土路缘石》JC/T 899

17 《公路水泥混凝土路面设计规范》JTG D40

18 《公路工程集料试验规程》JTG E42

19 《公路工程无机结合料稳定材料试验规程》JTG E51

20 《公路路面基层施工技术细则》JTG/T F20

21 《公路水泥混凝土路面施工技术细则》JTG/T F30

22 《公路工程质量检验评定标准》JTG F80/1

23 《城镇道路工程施工与质量验收规范》CJJ 1

24 《道路、排水管道成品与半成品施工及验收规程》DG/TJ 08－87

25 《城市道路桥梁工程施工质量验收规范》DG/TJ 08－2152

26 《再生骨料混凝土技术要求》DB31/T 1128

上海市工程建设规范

再生骨料混凝土应用技术标准

DG/TJ 08－2018－2020
J 10995－2020

条文说明

2020　上海

目　次

Content

1 总　则

1.0.2　本标准中的再生骨料混凝土的制备可分别采用再生粗骨料和再生细骨料;若同时使用,应通过具有法定资质的第三方检测机构进行论证,并经专家讨论。

1.0.3　废旧混凝土块的回收、加工处理应符合上海市的相关规定。

3 建筑工程用再生骨料混凝土

3.1 一般规定

3.1.1 规定了本标准的适用范围,再生粗骨料的等级按照现行国家标准《混凝土用再生粗骨料》GB/T 25177 确定。根据再生骨料混凝土强度等级和再生粗骨料取代率划分了三种情况。C35以下、取代率 30% 以下的再生骨料混凝土应按现行上海市地方标准《再生骨料混凝土技术要求》DB31/T 1128－2019 和《上海市建筑废弃混凝土资源化利用建材产品应用技术指南》(沪建建材〔2019〕36 号)的规定执行。

当前工程中主要还是应用 C30 及以下的再生骨料混凝土,生产的取代率 15% 以上的 C40、C50 再生骨料混凝土,其强度、坍落度等指标也符合规范要求,比如五角场某高层再生骨料混凝土办公楼项目中用到了 30% 取代率的 C40 和 10% 取代率的 C50 再生骨料混凝土,工程项目成功竣工验收。同济大学实验室也进行了试验研究。

3.1.2 某些情况下,当需要采用 III 类再生粗骨料配制 C25 以上强度等级的再生骨料混凝土时,须通过试验对其结果作出可行性评定。

3.2 性能指标

3.2.1 本条规定了再生骨料混凝土的轴心抗压强度标准值 f_{ck}、轴心抗拉强度标准值 f_{tk},其取值与普通混凝土一致;基于同济大学对再生骨料混凝土构件可靠度的分析,设计值 f_c、f_t 的取值考虑再生骨料混凝土材料分项系数1.45,低于普通混凝土强度设计值。

3.2.2 本条中再生骨料混凝土的抗折强度(弯拉强度)与抗压强度之间的关系式,是基于国内外具有代表性的528组再生骨料混凝土试验数据的统计回归分析而得出的。

3.2.3 本条中再生骨料混凝土的弹性模量是基于同济大学等进行的力学性能试验研究确定的。再生粗骨料取代率不超过30%时,再生骨料混凝土弹性模量为相应普通混凝土的0.95倍;再生粗骨料取代率为50%时,再生骨料混凝土弹性模量为相应普通混凝土的0.90倍。当取代率为30%～50%时,按线性插值确定。

3.2.5 本条中再生骨料混凝土的收缩值是借鉴国内外已有的再生骨料混凝土规程(表1)而确定的。

表1 再生骨料混凝土的收缩值修正系数

国家或组织	再生粗骨料取代率	
	100%	30%
比利时	1.50	1.00
RILEM	1.50	1.00
荷兰	1.35～1.55	1.00

3.2.6 本条中再生骨料混凝土的徐变值是基于同济大学的试验研究确定的。相关试验和数据已经发表(肖建庄,许向东,范玉辉.再生混凝土收缩徐变试验及徐变神经网络预测[J].建筑材料学报,2013(05):752-757.)。

3.2.9 本条中再生骨料混凝土的导热系数和比热是通过再生骨料混凝土温度性能专题研究成果计算得到的。

3.2.10 主要参照现行国家标准《混凝土结构设计规范》GB 50010的一般性规定,对再生骨料混凝土的最低强度提高了一个强度等级。

3.2.11 主要参照现行国家标准《混凝土结构耐久性设计规范》

GB/T 50476 的一般性规定。鉴于缺乏相应的工程实践经验,暂时不考虑再生骨料混凝土在除冰盐环境和滨海室外环境中的情况。

3.2.13 保护层厚度的规定是为了满足结构构件的耐久性要求和对受力钢筋有效锚固的要求。同济大学的试验研究表明,相同强度等级的再生骨料混凝土与普通混凝土相比,具有较好的抗碳化、抗冻融和粘结性能,国内外的其他专家学者的研究也有相似的结论。因此,本条中再生骨料混凝土的保护层厚度偏安全的取值,即按照现行行业标准《再生混凝土结构标准》GJ/T 443。

3.3 制 备

3.3.1 根据试验研究和工程实际,提出了再生骨料混凝土配合比设计公式。本标准中提供的公式适用于再生粗骨料混凝土,对于再生细骨料混凝土的配合比设计,可以在本公式的基础上结合实际的配合比试验确定。

3.3.4 再生骨料混凝土应检测其坍落度等指标,保证其性能满足后续的施工和设计要求。

3.4 设 计

3.4.1 本条规定了再生骨料混凝土在建筑工程中的应用范围。现阶段再生骨料混凝土在其他领域内应用的研究较少,故本标准尚未考虑在其他结构构件中使用再生骨料混凝土。再生骨料混凝土主要应用于丙类建筑,不宜用于乙类建筑,不应用于甲类建筑。若在乙类建筑内应用,相关抗震设计参数应按照现行规范调整。同时,由于再生骨料混凝土的收缩和徐变较大,故本标准也不考虑将再生骨料混凝土应用于预应力构件。

3.4.2 再生骨料混凝土受弯构件在设计计算时的基本假定应按

下列要求执行：

1 再生骨料混凝土正截面承载力计算的基本假定与普通混凝土大致相同。

2 再生骨料混凝土构件的计算应符合国家和上海市相应标准的规定。

3.4.3 材料选择设计应符合下列要求：

3 再生骨料混凝土构件中纵向受力钢筋的配筋率和箍筋的最小配箍率应符合现行国家标准《混凝土结构设计规范》GB 50010 的要求。同济大学对以此为依据设计的构件进行实验，结果表明，再生骨料混凝土构件与普通混凝土构件有相似的受力阶段和破坏特征。再生骨料混凝土构件中纵向受力钢筋的最小配筋率和箍筋的最小配箍率，应基于可靠度的要求计算确定，同济大学的计算结果表明，对于再生骨料混凝土梁，正截面受弯时的纵向钢筋的最小配筋率有微小提高，相比较普通混凝土梁提高 0.1%。正截面受剪时箍筋的最小配箍率提高明显，相比较普通混凝土梁提高 32.0%。

4~5 在再生骨料混凝土结构的设计中，有关各种钢筋的选用规定，以及各类钢筋强度标准值、钢筋强度设计值和钢筋弹性模量的取值原则和具体数值的规定，即按照现行国家标准《混凝土结构设计规范》GB 50010 的规定执行。

3.4.4 承载力极限状态的设计应符合下列要求：

1 同济大学根据现行国家标准《混凝土结构设计规范》GB 50010 设计的构件试验，结果表明，再生骨料混凝土与普通混凝土受弯构件有相似的受力阶段和破坏特征。本标准采用等效矩形压力图形，采用现行国家标准《混凝土结构设计规范》GB 50010 的计算方法，对再生骨料混凝土，取 $n=2$, $\varepsilon_0=0.002$, $\varepsilon_{cu}=0.003$，计算得到再生骨料混凝土的 $\alpha_1=0.969$, $\beta_1=0.824$。为简化计算，取 $\alpha_1=1$, $\beta_1=0.78$。再生混凝土中配有受应钢筋的情况下，可按照现行国家标准《混凝土结构设计规范》GB 50010 中的公式进行计算,同时应考虑上述系数的折减。

2 再生骨料混凝土轴心受压构件的计算公式在现行国家标准《混凝土结构设计规范》GB 50010 基础上结合最新的研究成果进行了更新,考虑了再生骨料混凝土的轴心受压承载力调整系数 0.95。

3 再生骨料混凝土斜截面受剪承载力的计算公式在现行国家标准《混凝土结构设计规范》GB 50010 基础上结合最新的研究成果进行了更新,考虑了再生骨料混凝土的受剪承载力调整系数 0.9。

4 偏心受压、局部受压、轴心受拉、偏心受拉、受扭、受抗冲切等工况下可参照现行国家标准《混凝土结构设计规范》GB 50010 的相关公式进行计算,局部受压、受抗冲切等情况下可参照本标准的受压和受剪进行适当调整。

5 根据同济大学进行的再生骨料混凝土框架结构振动台实验研究发现,再生骨料混凝土结构的抗震性能与普通混凝土的抗震性能相当。

3.4.5 正常使用极限状态的设计应符合下列要求:

1 根据国内外研究结果表明,再生骨料混凝土的极限拉应变相比普通混凝土略大,粘结强度略高,因此可以偏安全的采用现行国家标准《混凝土结构设计规范》GB 50010 的计算公式。

2 根据国内外研究结果表明,再生骨料混凝土构件的裂缝宽度与普通混凝土相当,但是再生骨料混凝土开裂后的耐久性与普通混凝土相比,优劣存在较大争议,原因是再生骨料的来源复杂。在计算过程中,再生骨料混凝土强度指标根据本标准规定的数值取用。

3 根据国内外试验研究结果表明,再生骨料混凝土构件的挠度比普通混凝土大,且随着时间的增长这种趋势愈加明显。因此,为了满足实际工程要求,当再生粗骨料取代率为 30%～50% 时,根据同济大学的试验结果,取挠度放大系数 1.2。

3.4.6 再生骨料混凝土结构抗震设计应符合下列要求：

1~2 再生骨料混凝土构件内力和变形验算时，应采用再生骨料混凝土的实测弹性模量进行计算；当无实测数据时，按照本标准中给定的弹性模量取值。

3 以上海市五角场再生骨料混凝土办公楼工程为分析对象，根据同济大学的研究成果取值。

4 考虑到再生骨料混凝土结构相对于普通混凝土结构在地震作用下侧移较大，提高剪力墙底部加强部位配筋构造，增加其延性。

5 主要参照了现行国家标准《混凝土结构设计规范》GB 50010 中的规定，对不同再生骨料混凝土结构类型在不同设防烈度下的最大高度进行了规定，相比较普通混凝土结构，再生骨料混凝土结构高度最大值降低。本条规定，与现行国家标准《建筑抗震设计规范》GB 50011 相关条文相比，多层和高层再生骨料混凝土房屋适用的结构类型不包括大跨度框架结构、部分框支剪力墙结构、筒中筒结构、板柱-剪力墙结构。规定的多层和高层再生骨料混凝土房屋适用的最大高度约为相同结构类型普通混凝土房屋适用的最大高度的 2/3。

6 主要参照了现行国家标准《混凝土结构设计规范》GB 50010 中的规定，对不同再生骨料混凝土结构的抗震等级进行了规定，相比较普通混凝土结构，相同抗震等级下，再生骨料混凝土结构高度最大值降低。本条规定与现行国家标准《建筑抗震设计规范》GB 50011 和《混凝土结构设计规范》GB 50010 相关条文相比，多层和高层再生骨料混凝土房屋适用的结构类型不包括大跨度框架结构、部分框支剪力墙结构、筒中筒结构、板柱-剪力墙结构，规定的适应结构类型与第 3.4.6 条一致。不同设防烈度下，抗震等级对应的结构分区高度约为相同条件下普通混凝土房屋结构分区高度的 2/3，这与表 3.4.6-1 规定协调。

7 规定了再生骨料混凝土多层和高层结构的混凝土最低强

度等级,对于一级抗震等级的框架梁、柱及节点的混凝土强度等级不应低于C35,其他各类结构构件不应低于C30;与现行国家标准《混凝土结构设计规范》GB 50010的第11.2.1条规定的一级抗震等级的框架梁、柱及节点的混凝土强度等级不应低于C30,其他各类结构构件不应低于C20相比,对再生骨料混凝土强度等级的要求有所提高。

8 对多层和高层再生骨料混凝土框架结构中再生骨料混凝土柱截面尺寸构造作了规定。与现行国家标准《建筑抗震设计规范》GB 50011对普通混凝土柱截面尺寸构造相比,总体略严。主要考虑再生骨料混凝土柱轴压比的限值比普通混凝土柱有所减小,相同设计条件下相应柱的截面尺寸应有所增大,但再生骨料混凝土柱的剪跨比及矩形截面柱长边与短边的比值要求与普通混凝土柱要求一致。

9 再生骨料混凝土柱为关键竖向构件,设计中有效控制再生骨料混凝土轴压比是保证结构抗震延性的关键。本款规定了再生骨料混凝土多层和高层结构柱的轴压比限值,该轴压比限值比现行国家标准《建筑抗震设计规范》GB 50011的表6.3.5柱轴压比限值有所减小。再生粗骨料取代率30%时,一、二、三、四级结构柱轴压比限值小0.05;再生粗骨料取代率50%时,一、二、三、四级结构柱轴压比限值小0.10;当再生粗骨料取代率为30%~50%时,柱轴压比限值可按线性内插法取值。

10 再生骨料混凝土剪力墙为关键竖向构件,设计中有效控制再生骨料混凝土剪力墙墙肢的轴压比是保证结构抗震延性的关键。本款规定了多层和高层再生骨料混凝土结构一、二、三级再生骨料混凝土剪力墙在重力荷载代表值作用下墙肢的轴压比的限值,与现行国家标准《建筑抗震设计规范》GB 50011的第6.4.2条对一、二、三级混凝土剪力墙墙肢轴压比限值相比,再生粗骨料取代率30%时轴压比限值小0.05,再生粗骨料取代率50%时轴压比限值小0.10,再生粗骨料取代率为30%~50%时轴压比限值按线性内插法采用。由于本标准规定的再生骨料混凝土房屋最大高度限值约为普通混凝土房屋最大高度的 2/3,通常实际工程中再生骨料混凝土剪力墙墙肢的轴压比能够符合设计要求。

3.5 施 工

3.5.2 再生骨料混凝土的浇筑与施工应符合下列要求:

1 为了避免离析,对再生骨料混凝土拌合物浇筑时倾落的自由高度作出规定;当超出后,应采用有效措施防止离析。

2 再生骨料混凝土拌合物的内摩擦力比普通混凝土的大。为保证拌合物的密实性,本条规定应采用机械振捣成型。只有对流动性大、不振捣和硬化后的混凝土强度能满足要求的塑性拌合物,以及对强度没有要求的非承重类的再生骨料混凝土拌合物,可以采用插捣成型。

3.5.3 再生骨料混凝土的工地现场施工应符合下列要求:

1 规定了干硬性再生骨料混凝土构件的成型应采用振动台或表面振动加压成型,以保证振捣密实。

2 规定了浇筑大面积水平构件时的振动方法。厚度小于200mm 或大于 200mm 时,可采用不同的振捣方式。但最终是要保证混凝土的密实性。

3 根据现行行业标准《轻骨料混凝土技术规程》JGJ 51,规定了采用插入式振捣器的振捣深度和距离,以及多层浇筑插捣的注意事项。强调连续多层浇筑时,插入式振捣器应插入下层拌合物 50mm。

4 规定了拌合物成型时的振捣时间(含振动台,表面振动器和插入式振捣器)。振捣时间的长短不仅影响混凝土的密度和强度,而且还影响拌合物中轻质骨料的上浮,表面气泡的大小和分布,以及蜂窝麻面等表面质量问题。应根据拌合物稠度、振捣部位、配筋和操作工技术水平等具体情况,在本条规定的振捣时间范围(10s～30s)内,利用经验和试振捣确定。

5 再生骨料混凝土成型后,应比普通混凝土更为注意防止表面失水。否则,可能因为内外湿差引起收缩应力,导致表面混凝土裂缝。

6 规定了再生骨料混凝土自然养护应注意的事项及拆模时间,并符合现行国家标准《混凝土结构工程施工质量验收规范》GB 50204 的规定。

3.6 质量验收

3.6.1 再生骨料混凝土出厂检验和交货检验时,应形成检验报告,便于后期的检查。

3.6.2 本条规定了再生骨料混凝土强度的检验次数和评定方法。和普通混凝土强度一样,应按现行国家标准《混凝土强度检验评定标准》GB 50107 的规定进行。

3.6.3 本条对混凝土试件强度评定不合格时的检测方法作出规定,应严格按照国家现行规范和标准进行处理。根据同济大学的试验数据,建议采用回弹法检测再生骨料混凝土强度,并应符合现行行业标准《回弹法检测混凝土抗压强度技术规程》JGJ/T 23 之规定,推荐采用研究成果推算得出再生骨料混凝土的强度。

3.6.4 对再生骨料混凝土结构的施工质量进行检查,最终目的是证实结构质量满足设计要求并达到合格。按照有关规定,建设、施工、监理、设计等单位均需要在不同阶段进行不同内容、不同类别的检查。考虑到各种检查均是为了随时掌握、控制工程质量,故应根据实际情况决定检查的频率、时间、方法和参加检查的人员等。本条给出了各种检查应根据"质量控制的需要"来确定的原则。

当对再生骨料混凝土结构质量进行验收或做合格判定时,由于现行国家标准《混凝土结构工程施工质量验收规范》GB 50204作出了专门规定,故应遵守该标准的规定。该标准未指明检查方法的,可按照本标准给出的检查方法进行。

再生骨料混凝土结构或构件的性能检验比较复杂,一般由型式检验报告或专门的试验给出,在施工现场通常不进行检查。但是有时施工现场出于某种原因,也可能需要对再生骨料混凝土结构或构件的性能进行检查,本条规定当遇到这种情形时,应委托具备相应资质的单位,按照有关标准规定的方法进行,并出具检验报告。

为了使检查结果必要时可以追溯,以及明确检查责任,各种检查应做出记录。对于返工和修补的构件,这种记录应更为详细,应有返工修补前后的记录。必要时,应有图像资料。

为了减少检查的工作量,在再生骨料混凝土结构质量检查中,对于已经隐蔽、不可直接观察和量测的内容如插筋锚固长度、钢筋保护层厚度、预埋件锚筋长度与焊接等,如果已经进行过隐蔽工程验收且无异常情况时,可仅检查隐蔽工程验收记录。

4 道路工程用再生骨料混凝土与半刚性基层结构

4.1 一般规定

4.1.2 为保持规范的一致性,本部分用"骨料"表述,其意思同道路工程中"集料"一词。由于再生骨料吸水率大,无机结合料稳定再生混合料最佳含水率明显高于普通混合料。碾压过程中,骨料中吸附的大量水分会部分析出,导致碾压出水或不易压实,所以在碾压过程中应严格控制碾压含水率,不宜超过最佳含水率,以最佳含水率或略低于最佳含水率1.5%以内为宜。

4.3 水泥稳定再生骨料混合料

4.3.1 通过试验验证,使用32.5级水泥与再生级配骨料配制混合料不易达到强度要求,且42.5级水泥成本提升有限,故建议选用42.5级以上水泥。

4.7 施工与质量验收

4.7.3 由于再生骨料吸水率大,石灰粉煤灰稳定再生混合料最佳含水率在10%～16%范围内(普通混合料最佳含水率为5%～8%),明显高于普通混合料。振动碾压过程中,骨料中吸附的大量水分会部分析出,导致碾压出水或不易压实,所以在碾压过程中应严格控制碾压含水率,不宜超过最佳含水率,以最佳含水率或略低于最佳含水率1.5%以内为宜。

5 道路工程用再生骨料混凝土制品

5.0.1 再生骨料与碎石、石屑、机制砂、中砂等骨料复合使用时，既可以改善混合骨料的级配，又可提高混合骨料的强度。再生粗骨料取代率宜为 15%～50%；超过 50% 时，应通过试验确定。

5.0.4 根据现行上海市工程建设规范《道路、排水管道成品与半成品施工及验收规程》DG/TJ 08－87，道路工程配套混凝土构件的强度等级为 C20～C30。因此，生产时，应采用符合本标准的Ⅱ类及Ⅱ类以上再生骨料。

5.0.5 隔离墙、防撞墙、路缘石的断面尺寸一般不低于 120mm，因此生产时，宜采用粒径不超过 31.5mm 的再生粗骨料。

混凝土路面砖、人行道板、井盖的断面尺寸一般不低于 60mm，因此生产时，宜采用粒径不超过 16.0mm 的再生粗骨料。

附录 A 再生骨料混凝土单轴受压本构关系

A.0.1 再生骨料混凝土的单轴受压本构关系是在再生骨料混凝土基本力学性能专题研究成果的基础之上得到的。

参照现行国家标准《混凝土结构设计规范》GB 50010 中关于普通混凝土本构关系的形式,通过文献中的再生骨料混凝土本构试验数据,基于统计结果,修正特征值之间的定量关系后,得到再生骨料混凝土单轴受压本构关系。

$$\varepsilon_{cp} = m \cdot \sqrt{\sigma_{cp}} + n \tag{1}$$

$$\alpha_c = u \cdot \sigma_{cp}^{0.785} - v \tag{2}$$

参数取值如表 2 所示。

表 2 参数取值

拟合系数	下限	拟合值	上限
m	0.1215	0.1842	0.2469
n	0.6790	1.0315	1.3840
u	0.1004	0.1511	0.2018
v	−0.8482	−0.1818	0.4846

附录 B 再生骨料混凝土碳化深度预测模型

B.0.1 根据同济大学的理论和试验研究,给出了再生骨料混凝土的碳化深度预测模型。模型 a 和模型 b 在普通混凝土碳化深度预测模型的基础上引入了再生骨料取代率参数,即模型 a 中的 f_{cu}^{RC} 和模型 b 中 g_{RC}。

普通混凝土碳化深度预测模型分别为《混凝土结构耐久性评定标准》CECS220 中的模型,以及张誉和蒋利学模型(蒋利学,张誉,刘亚芹,等. 混凝土碳化深度的计算与试验研究[J]. 混凝土. 1996(04):12-17.)。

同济大学考虑再生骨料吸水率后,基于现有数据的统计分析,提出了新的预测模型:

$$d(t) = 104 \cdot k_A \cdot \sqrt[4]{T} \cdot k_e \cdot \sqrt{\frac{k_c \cdot W}{f_c^3 \cdot C}} \cdot K_{CO_2} \cdot \sqrt{t} \qquad (3)$$

式中,$k_A = e^{0.07A_{wa}}$,为再生骨料权重吸水率参数,A_{wa} 为骨料权重吸水率;$k_e = RH^{1.5}(1-RH)$;$k_c = (t_c/7)^{b_c}$,其中,b_c 为回归的指数值,其平均值为 -0.567,t_c 为养护时间(d);$K_{CO_2} = \sqrt{\dfrac{n_0}{0.03}}$。

骨料权重吸水率定义如下:

$$A_{wa} = \frac{C_{NCA} \cdot WA_{NCA} + C_{NFA} \cdot WA_{NFA} + C_{RCA} \cdot WA_{RCA} + C_{RFA} \cdot WA_{RFA}}{C_{NCA} + C_{NFA} + C_{RCA} + C_{RFA}}$$

$$(4)$$

式中,C_{NCA},C_{NFA},C_{RCA} 和 C_{RFA} 分别为配合比中天然粗骨料,天然细骨料,再生粗骨料和再生细骨料的含量(kg);WA_{NCA},WA_{NFA},WA_{RCA} 和 WA_{RFA} 分别为对应的骨料的吸水率(%)。

式(1)所示模型可以作为模型 a 和模型 b 的补充,用于预测再生骨料混凝土的碳化深度。